算数が苦手でもだいじょうぶ！

小学生のための

魔法の暗算術

「ぶんかい算」の本

【著者】
音読道場連盟 代表
前田大介

【監修】
カリスマ家庭教師
松永暢史

16×3　18×4
18×17
3×27

KADOKAWA

算数が楽しくなる「ぶんかい算」とは

これからみんなに、算数が楽しくてたまらなくなる「ぶんかい算」を紹介しよう。

ぶんかい算は、かけ算のしくみを利用して、ラクして答えを出す計算方法なんだ。

たとえば、14×4の計算はどうやって計算する？

たぶん、みんな、筆算でやるんじゃないかな。

答えは56だね！

でも、56って、実は、

九九に出てくる

数字だって気づいた？

ほら、$7 × 8 = 56$……ね、

九九でしょ？

筆算で
解くとしたら……
一の位から計算
1が繰り上がるから……

$$\begin{array}{r} 14 \\ \times\ 4 \\ \hline {}^1 \\ 56 \end{array}$$

筆算とは？
紙に書いて
計算すること
だよ

14×4と7×8。式がちがうのに、どうして答えが同じなんだろう？　これは、14を九九にもどす（かけ算にぶんかいする）とわかる……。

$14 × 4 = 7 × 2 × 4$ となる。

かけ算どうしでつながっているなら、どこからかけ算してもいいんだよね。

え？　ということは……。そう。$7 × 2 × 4$ は、$7 × 8$ ってことになるわけだ。

$$\boxed{14} × 4$$
$$\scriptsize 7×2$$

$$= 7 × \underline{2 × 4} = 7 × \underline{8}$$

つまり、見た目は筆算がいるな！　と思う計算も、

上手にぶんかいすると、意外とかんたんに計算できるってことなんだ。

ぶんかいするのがうまくなれば、たとえば、17×18といった、さらに難しそうな計算もサクッとできてしまうんだ！

インド式計算と似ている？

へえ、ぶんかい算って、17×18も計算できるんだ……インド式計算みたいだね！　と思った人もいるかもしれない。

するどい！　よく勉強しているねえ。

そうだね。たしかにインド式計算とよく似ているけれどちょっとちがう。

かんたんに説明しよう。インド式計算で17×18を解くと……、

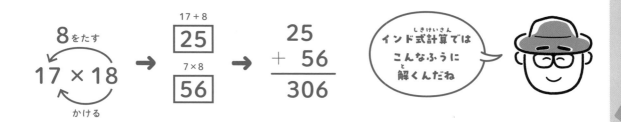

こんなふうに、インド式計算は、最初にたし算にぶんかいして解く計算法なんだ（インド式計算のかけ算を使った「おみやげ算」も、まずたし算とひき算にぶんかいするよ）。

それに対して、ぶんかい算は、まずかけ算にぶんかいして解く計算法。17×18のような計算も、まず18を6×3にぶんかいすれば、あとは九九レベルで解けてしまう！（くわしくはP70でたねあかし！　お楽しみに☆彡）

一見難しそうな計算も、「かけ算にぶんかい」すれば、すぐに答えが導かれるんだ。

ぶんかい算はブロック遊びみたい！

かけ算にぶんかいするってどういうことかって？

かける組み合わせを変えて、あれこれ試しながら一番かんたんに答えを出す方法を探すんだ。これが、まるで数字でブロック遊びしているみたいなんだ。

だからやり方がわかると、おもしろくてやめられなくなるよ！　ぶんかいするのが楽しいからますます解けるようになるんだ。しかも計算力がつくだけでなく、高学年の算数から中学・高校の数学の学びにまでつながっていくんだ。

それじゃあぶんかい算をどうやって学んでいくのか説明しよう！

ぶんかい算マスターへの4ステージ

暗算が速くなるぶんかい算。
次のステージを順番にマスターして、どんな問題もすぐ解けるようになろう！

ステージ1 ドット絵でイメージトレーニング

まずはじめに、「ドット絵」を使ってイメージトレーニングを十分におこなおう。これは幼稚園や習いごとで学んだ人もいるかもしれない。イメージする力があると、計算問題を暗算しやすくなるんだ。ステージ1では、イメージする力をたしかめて、暗算力をメキメキ成長させるというねらいがあるよ。

$$: : \quad \bullet \bullet \quad + \quad \bullet \bullet \bullet \quad = \quad : : : : :$$

ステージ2 九九でぶんかい算

「さんくにじゅうしち」「しくさんじゅうろく」など、九九を音だけで覚えている人も多いんじゃないかな？　でも、たとえば、24や36が九九でいうと何と何をかけた数かすぐに答えられないと、わり算や分数計算がつらいかもしれないね……。そうならないように、九九をぶんかいする方法をマスターして、数字で九九がわかるようになろう！

$$24 = 3 \times 8、4 \times 6 \quad 36 = 4 \times 9$$

ステージ3 1〜400の数字をぶんかいする！

九九に引き続き、よく出る数にしぼってぶんかいするよ。
数をバラバラにすることは、ブロック遊びや時計分解みたい！　そう思えてきてやり始めると快感に感じるかも。計算をただ暗記するのではなく、遊び感覚で自然と「ぶんかい算」のコツを身につけよう。

楽しみながら
ぶんかい
しよう！

ステージ4 ぶんかい算を使いこなす

最後に、覚えておくとおトクなラッキーナンバーを使った計算方法を伝授するよ。19×19までの計算が驚くほどスイスイできる方法をマスターしよう。

ラッキー！！！

本書のしくみ

例題	解き方・ルールを知ろう
問題	書き込み式で達成感バッチリ！
解答	自分で丸つけできる
付録	深く学びたくなったときに役立つおまけ

この本は、小学3年生から6年生まで、さまざまな学年のみんなに楽しく学んでもらいながら、ぶんかい算をとおして、みんなのアタマを賢くするようにできているんだ。

実は、計算力があるからといって算数ができるようになるとは限らないって知ってた？

「えっ、計算ができれば、算数もできるようになるんじゃないの？」

出された問題に速く解ける方法をあてはめて、すばやく計算する……。たしかに、計算は速くなるし、テストの成績も上がるのはまちがいない。

でも、いくら計算が速くても、算数の応用問題になるとできなくなることもよくあるんだよ。本当に、算数ができるようになるためには、数字や図をイメージして（イメージする力）、自分であれこれ考えて答えを出す力（試行錯誤する力・思考力）がなければいけないんだ。

一歩ずつ段階をふんで、九九レベルで解けるように設定しているから、きっとトライしやすいはず。

ぶんかい算は、みんなのアタマを賢くする魔法の計算方法かも!?

さあ、みんなでぶんかい算をマスターしよう！

もくじ

ボクが案内するよ！

ぶんぶん

年齢・本名不詳。たぶん小学校高学年くらい。算数が得意で、数字をどんどんぶんかいする。数字以外のおもちゃなどもぶんかいしてしまうので、ちょっと困ってしまうことも。好きな科目はなぜか体育。やさしいので学校ではみんなから好かれている。
特技は、ぶんかいした数字を耳に出すこと。

ステージ4

ぶんかい算を使いこなせば 算数が得意になる！

ドットでイメージ

暗算力はイメージ力だ!

そもそも、暗算ってどういう意味だろう?

それは、式や筆算を書かずに、頭の中で数字をイメージして計算することをいうよね。

暗算が得意になると、式を書かなくても、すぐに答えが出せるんだ。

では、どうやったら暗算が得意になるかって?

それには数字をイメージする力が欠かせない。

頭の中にくっきり数字がイメージできていないと、

暗算しようにも、もやもやして計算できない……なんてことになるだろうね。

たとえば、7×4を計算してみよう。

答えは、28だね。

でも、「しちしにじゅうはち」と「ことば」だけで覚えているあなた!

実は、それが暗算力が伸びない原因かもしれないんだ。

ことばだけでなく、数字もしっかりイメージすることが大切だよ。

まずは、ドットがいくつあるのか目で見てたしかめながら、ドットと数字を同時にイメージできるようになろう。

このやり方は、棋士の藤井聡太九段が通っていたので有名なモンテッソーリ教育でも似たようなことがおこなわれているんだ。

モンテッソーリ教育では、ボタンやビーズを使って「1つ、2つ」と何個あるかを数えながら、子ども自身が自発的にゆっくりとたしかめる。こうしたことが、のちの算数・数学の理解につながると考えられているんだ。

まずは九九を「ことば」だけで覚えている人が多いので、「ことば」と「個数(もののかず)」と「数字」をつなげるトレーニングをしよう。

数字をイメージするトレーニングが大事だよ!

ゴール 「ことば」と「ドット(個数)」と「数字」をつなげること。そうすることで、暗算力を高める基礎をつくるよ!

ことば・ドット・数字

これから、ドット「●」を使って、みんなでイメージ力を高めていこう。

紙や鉛筆は必要ないよ。時間がかかってもいいので、じっくり頭の中でイメージしようね。

さぁ、次のドットは何個あるだろう。

これは、12個並んでいるね。

1つずつ●を数えた？

それとも、3×4とかけ算でラクして考えようとしたかな？

ステージ1が終わるころには、まとめて何個かわかるようになろう。

次に1〜10の数字をドットでイメージしてみよう！

1個、2個……これくらいならかんたんだね。

でも、10個のドットをイメージするのはけっこう難しいね。

●を10個、頭の中でイメージできるかな？

しばらく目をつむって思い浮かべよう。

……どうだい？　イメージできたかい？

ことばとドットと数字のイメージは次のページ。

1〜10 のことば・ドット・数字

1 •
いち

2 ••
に

3 •••
さん

4 ••••
よん
（し）

5 •••••
ご

6 •••••
•
ろく

7 ••••
••
なな
（しち）

8 ••••
•••
はち

9 •••••
••••
く
（きゅう）

10 •••••
•••••
じゅう

ドットでたし算

もう一度、前のページの1〜10のドットをイメージしよう。
イメージできたら、今度は頭の中でドットを使って、たし算をしよう。

例題 次のドットをたしてみよう。

① ● ● ＋ ● ● ●

- -

解答 ● ● ＋ ● ● ●
= ● ● ● ● ●

答え **5**個

② ● ● ● ● ＋ ● ● ● ● ●

- -

解答 ● ● ● ● ＋ ● ● ● ● ●
= ● ● ● ● ●
  ● ● ● ● ●

答え **10**個

問題 次のドットをたしてみよう。

1 ●●●●● ●（下に1つ） + ●●●● = 答え _____ 個

2 ●●●●● ●●（下に2つ） + ●●● = 答え _____ 個

3 ●●●●● ●●●（下に3つ） + ●● = 答え _____ 個

4 ●●●●● ●●●● + ● = 答え _____ 個

5 ●●●●● ●（下に1つ） + ●●●●● = 答え _____ 個

6 ●●●●● ●●（下に2つ） + ●●●●● = 答え _____ 個

7 ●●●●● ●●●（下に3つ） + ●●●●● ●（下に1つ） = 答え _____ 個

8 ●●●●● ●●●（下に3つ） + ●●●●● ●●（下に2つ） = 答え _____ 個

9 ●●●●● ●●●●● + ●●●●● ●●●●● = 答え _____ 個

10 ●●●●● ●●●●● + ●●●●● ●●●●● = 答え _____ 個

12

⑪ + = <ruby>答<rt>こた</rt></ruby>え ＿＿＿＿＿＿ <ruby>個<rt>こ</rt></ruby>

⑫ + = <ruby>答<rt>こた</rt></ruby>え ＿＿＿＿＿＿ <ruby>個<rt>こ</rt></ruby>

⑬ + = <ruby>答<rt>こた</rt></ruby>え ＿＿＿＿＿＿ <ruby>個<rt>こ</rt></ruby>

⑭ + = <ruby>答<rt>こた</rt></ruby>え ＿＿＿＿＿＿ <ruby>個<rt>こ</rt></ruby>

⑮ + = <ruby>答<rt>こた</rt></ruby>え ＿＿＿＿＿＿ <ruby>個<rt>こ</rt></ruby>

⑯ + = <ruby>答<rt>こた</rt></ruby>え ＿＿＿＿＿＿ <ruby>個<rt>こ</rt></ruby>

⑰ + = <ruby>答<rt>こた</rt></ruby>え ＿＿＿＿＿＿ <ruby>個<rt>こ</rt></ruby>

⑱ + = <ruby>答<rt>こた</rt></ruby>え ＿＿＿＿＿＿ <ruby>個<rt>こ</rt></ruby>

⑲ + = <ruby>答<rt>こた</rt></ruby>え ＿＿＿＿＿＿ <ruby>個<rt>こ</rt></ruby>

⑳ + = <ruby>答<rt>こた</rt></ruby>え ＿＿＿＿＿＿ <ruby>個<rt>こ</rt></ruby>

（<ruby>答<rt>こた</rt></ruby>えはP18）

ドットのたし<ruby>算<rt>ざん</rt></ruby>に<ruby>慣<rt>な</rt></ruby>れたら、<ruby>今度<rt>こんど</rt></ruby>はかけ<ruby>算<rt>ざん</rt></ruby>をやってみよう。

13

九九を「ことば」だけで覚えない!

今度は九九の暗算だぞ。

まず、九九を「ことば」だけで見てみようか。

たとえば、「しちし」「しろく」「しちく」。

これって一文字しか変わらないので、覚えにくいなぁ～って思った人もいるかもしれないね。

九九を「ことば」と一緒に、ドットと数字を使ってイメージできるようになると、とっても暗算しやすくなるんだ。それでは、九九のイメージトレーニングをしよう!

例題 次の九九と同じ数をあらわすドットを選んで、■と☆を線で結ぼう!

$$7 \times 3$$
■

$$3 \times 6$$
■

$$5 \times 3$$
■

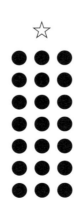

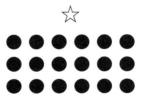

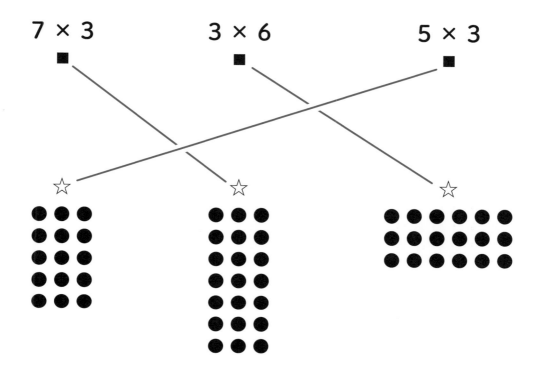

こうしてドットで並べてみると、かけ算って便利だなあって思わない？

なにが便利かって？

ドットをひとつずつ数えていると時間がかかるよね。でも、たて×よこにして暗算すれば、すぐに何個あるかわかるんだ。ね、かけ算って便利でしょ？

たてとよこの数に注目して、みんなも問題を解いてみよう！

1 3 × 4   7 × 7   4 × 4
■   ■   ■

☆   ☆   ☆

2 8 × 6   9 × 8   5 × 5
■   ■   ■

☆   ☆   ☆

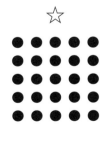

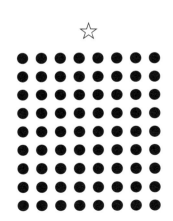

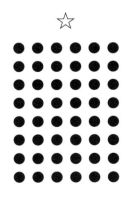

 **9 × 7**
■

8 × 8
■

8 × 2
■

☆
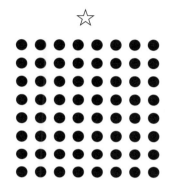

☆
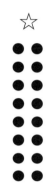

☆
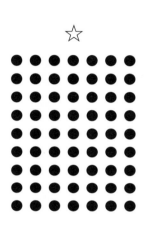

4 **8 × 4**
■

6 × 6
■

7 × 4
■

☆
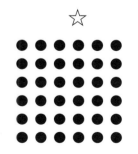

☆
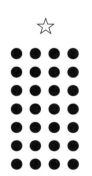

☆
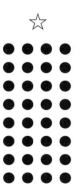

（答えはP18）

17

ステージ1の答え

ことば・ドット・数字

（P12、P13）

❶ 10個
❷ 10個
❸ 10個
❹ 10個
❺ 11個
❻ 12個
❼ 14個
❽ 15個
❾ 18個
❿ 20個
⓫ 12個
⓬ 15個
⓭ 16個
⓮ 17個
⓯ 15個
⓰ 18個
⓱ 22個
⓲ 22個
⓳ 23個
⓴ 21個

（P16、P17）

❶ 3 × 4　　7 × 7　　4 × 4
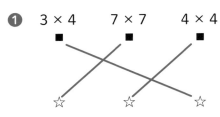

❷ 8 × 6　　9 × 8　　5 × 5
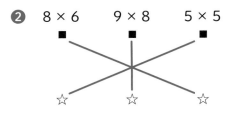

❸ 9 × 7　　8 × 8　　8 × 2
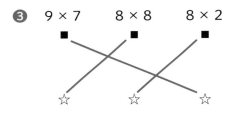

❹ 8 × 4　　6 × 6　　7 × 4
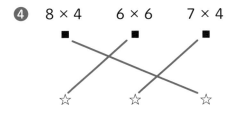

答えが同じ九九

例題 ❶と❷のドットの数をそれぞれ答えよう。

❶
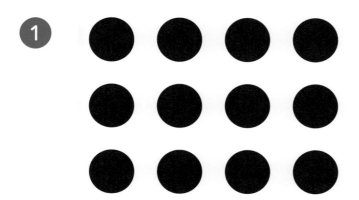

❷

（答えは次のページ）

❶と❷の答えは、どちらも12個。
同じ数だね。

実は、これらは「たて」と「よこ」それぞれ並べた数を変えただけ。

❶はたてに3個、よこに4個並んでいるから3×4だ。
一方、❷は、たてに2個、よこに6個並んでいるから2×6で答えが出る。
いずれにせよ、合計は12個で同じなんだ。

つまり、たてとよこの数がちがっても、答えが同じ九九というのがあるんだね！
しかも、これを知っていると、わり算（小学3年生、小学4年生）や分数計算（小学5年生～）で役に立つんだ。

では、これ以外にどんな数があるかって？
ステージ2でくわしく見ていこう。

イメージする力
繰り上がり暗算マスターで算数攻略!

👆 13 × 8 を 2 秒で暗算できる?

みんな、小学3年生で習う「2ケタ×1ケタのかけ算」を素早くできるかな?

たとえば、13 × 8 の計算。

これを2、3秒で暗算できるだろうか。

いやぁ、暗算しづらいなあと思う人もいるんじゃないかな?

では、どうやったらサクッと暗算できるようになるかって?

まずは、13 × 8 をドットの個数でたしかめてみよう。

❶13 × 8

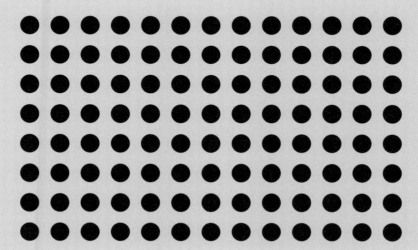

何個
あるのかなあ?

ドットの横の数に注目しよう。「10」で区切ることで暗算しやすくなるよ！

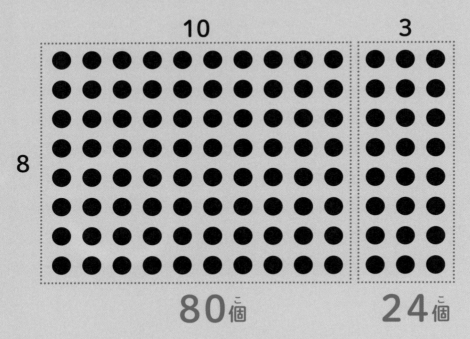

10　　　　　　　　　　　　**3**

8

80個　　　　**24**個

よこ10個×たて8個と、よこ3個×たて8個をたすってことだね。

$$10 \times 8 + 3 \times 8 = 80 + 24$$
$$= 104$$

となるんだ。

このように、13を10+3のたし算にぶんかいして解く
計算方法をさくらんぼ計算と習った人もいるだろうね。
書いてみるとわかるけど、暗算するとなると時間がかか
るかもしれないね。
え、それなら筆算でもいいじゃないかって？
でも、そういうわけにもいかないんだ。

暗算できないと困ることがある。
それがわり算なんだ。

さくらんぼ計算

13 × 8

10 + **3**

たし算にぶんかい

👆わり算でもイメージ力がポイント！

たとえば、125÷13を解くとしよう。

このとき13×10、13×9……といくつかかけ算を暗算して、答え（商）を探すんじゃないかな。これらのかけ算をわざわざ筆算で書く必要があるのかな。

もちろん習い始めたばかりなら、こうしたわり算の問題も、どの数字が、わられる数の「125」に近いか、筆算することもあるかもしれない。

けれど、それでは時間がかかるから、いずれ筆算せずに暗算しなければいけない。

つまり、わり算を解くとき、実は２ケタ×１ケタのかけ算の暗算ができなければいけないんだ！

👆基礎的な問題をサラッと暗算できるようになる！

暗算術といえば、19×19のような難しいかけ算に目がいきがちだけれど、それよりもこうした基礎的なかけ算がサラッと暗算できなければいけないんだ。

こうした問題は、紙に書くほどのことではないので、しっかりと習う時間はほとんどないかもしれない。そのせいで、２ケタ×１ケタのかけ算の暗算ができないまま時が過ぎてしまう。

そして中学校・高校になると、暗算力が足りないせいで一つひとつの計算が遅くなって、あたらしい単元の理解に苦しむ、なんていうことも……。

そうならないために、まずは、17×7や12×8など２ケタ×１ケタを暗算できるようになろう！　このとき、わざわざ筆算をして……一の位から考えて解くのではなく、17×7＝70+49で119と一気に暗算できるようになろう。

繰り上がり暗算をマスターすることが算数攻略のカギを握るといっても言い過ぎではない！

九九にぶんかいすると暗算が得意になる！

九九にぶんかい

九九の計算なら、2×3＝6、2×4＝8。ではその逆は？　6は、2×3にぶんかい。8は2×4にぶんかいする。こんなふうに次の数字を九九にぶんかいしてみよう。

ゴール　九九のぶんかいができるようになること。

例題　下の解き方をもとに、次の□に2〜9のいずれかの数字を入れてね。

12 ＝ □ × □ ＝ □ × □

それぞれちがう数字が入るよ！

解き方

ステップ1

12をぶんかいしてできる九九を探そう！
最初は難しいと思うけれど、九九を思い出しながらやってみよう。

ステップ2

1×12は入らないよ。9より大きい12が入っているからね。

ステップ3

2パターン考える。かけて出る答えが12になる数を探すってことだ。答えは2つあるはず。わかりやすいように、ドットで見てみよう。

ドットで見てみると……。

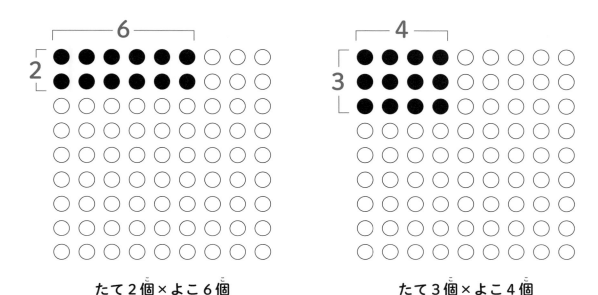

たて2個×よこ6個   たて3個×よこ4個

ということは12は2×6、または3×4にぶんかいできるってことだね。だから、

$$12 = \boxed{2} \times \boxed{6} = \boxed{3} \times \boxed{4}$$

となる。

（もちろん、6×2や4×3でもOK）

このように、「ある数をかけ算で分けていくこと」をこの本では「かけ算にぶんかいする」と言うよ。

2×6や3×4のように、九九の中には答えが同じになる計算がいくつかあるんだ。

それでは問題を解きながら、答えが同じになる九九を見ていこう。

12も合わせて全部で5種類しかないよ！

1 16

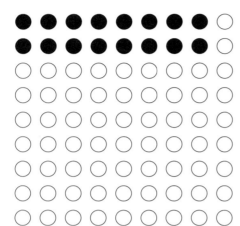

$$16 = \boxed{} \times \boxed{} = \boxed{} \times \boxed{}$$

ア　イ　ウ　エ

2 18

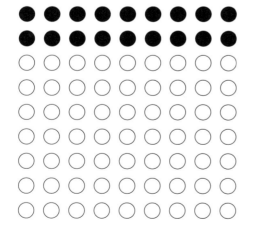

$$18 = \boxed{} \times \boxed{} = \boxed{} \times \boxed{}$$

オ　カ　キ　ク

③ 24

$$24 = \boxed{}^{\text{ケ}} \times \boxed{}^{\text{コ}} = \boxed{}^{\text{サ}} \times \boxed{}^{\text{シ}}$$

④ 36

$$36 = \boxed{}^{\text{ス}} \times \boxed{}^{\text{セ}} = \boxed{}^{\text{ソ}} \times \boxed{}^{\text{タ}}$$

（答えはP38）

それでは次のページは、ぶんかいを使ったパズル問題だよ！

ぶんかいパズル

ここからは、ぶんかいパズルを解いてみよう。
ぶんぶんの頭の数字を2つの数に分解するんだ。

ぶんぶんと
いっしょにパズルで
遊ぼう！

ゴール ぶんかいのやり方に慣れること

例題 下の解き方にそって、九九でぶんかいしてみよう。

解き方

ステップ1 頭にある数をたしかめる。

ステップ2 かけて9になるように9を2つの数にぶんかい。

ステップ3 ぶんかいした数を耳に入れて完成！

解答

この場合は 3 × 3 ＝ 9 だね。だから、ぶんぶんの2つの耳にそれぞれ3を入れたら正解。
このように、ぶんかいパズルをどんどん解いてみよう！

問題 28ページの例題と同じように、九九にぶんかいしてみよう。
耳には2〜9の数が入るよ。

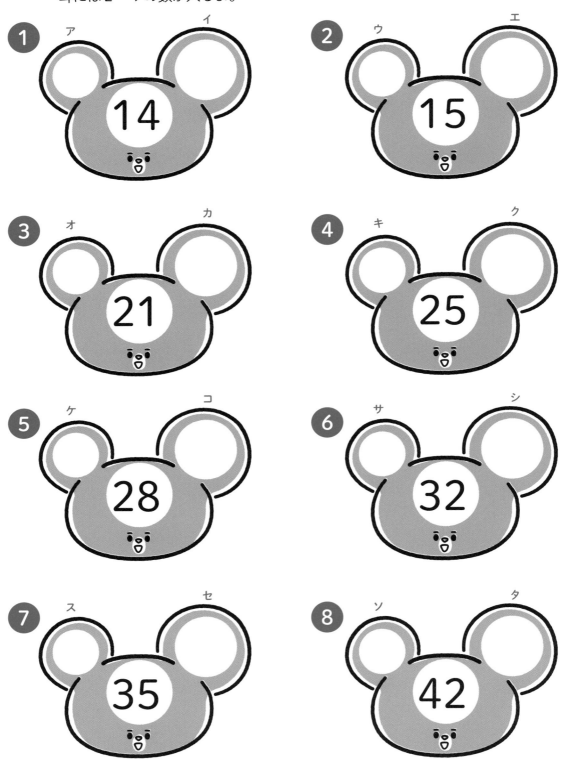

1 ア イ
14

2 ウ エ
15

3 オ カ
21

4 キ ク
25

5 ケ コ
28

6 サ シ
32

7 ス セ
35

8 ソ タ
42

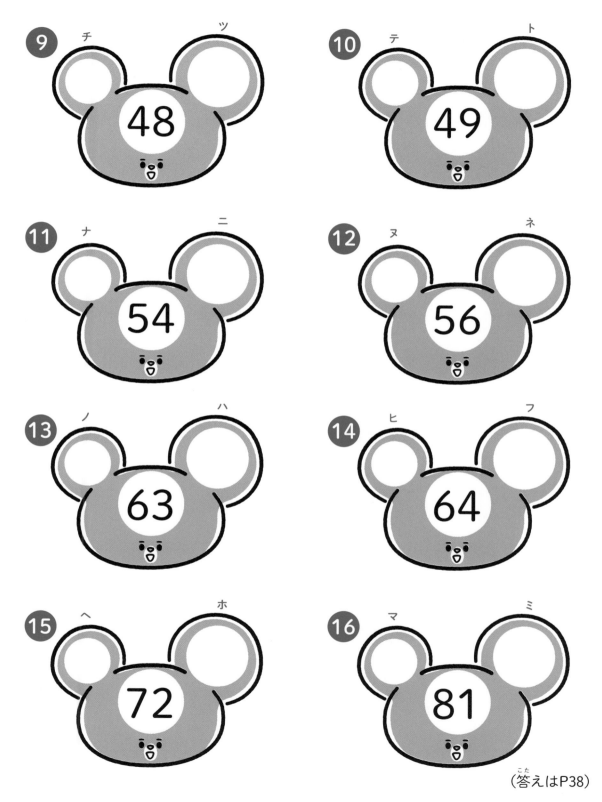

（答えはP38）

九九で解こう①

九九にぶんかいすることに慣れてきたかな？
今度は、「どこを先にかけたらラクに解けるのか」を考えるトレーニングをしよう。
上手にぶんかいして、かんたんに計算しよう。

ゴール ぶんかいして、九九でラクに計算できるようになる。

例題1 次の式が成り立つように□に数字を入れてね。

$$6 \times 3 \times 3 = \boxed{} \times \boxed{}$$
$$= 54$$

この問題を解くとき、まずは6×3をして……と考えた人はいるかな？
それはラクな方法ではないんだ。
とりあえず前から順に計算しなくてもいいんだよ。

実はこの問題は九九でかんたんに解けるんだ。
まずは、3×3を計算すると……6×9となるのがわかるかな？

解答

$$6 \times \underline{3 \times 3} = \boxed{6} \times \boxed{9}$$
$$9 \qquad = 54$$

↑
ここを先にかける！

ということだね。

ぱっと見では、わかりづらいけれど、九九レベルの計算式だったね。
もう一つ例題を解いてみよう。

例題2　次の式が成り立つように□に数字を入れてね。

$$2 \times 9 \times 5 = \boxed{} \times \boxed{}$$
$$= 90$$

2 × 5 から計算するとラクだと気づいたかな？
九九の中でも10のかたまりがあると、とっても計算がラクだよね。

解答

$$2 \times 9 \times 5 = \boxed{10} \times \boxed{9}$$
$$= 90$$

10

↑
ここを先にかける！

次の式が成り立つように□に数字を入れてね。

1 $4 \times 7 \times 2 = \boxed{} \times 7$

ア

$= \boxed{}$

イ

2 $3 \times 9 \times 2 = \boxed{} \times 9$

ウ

$= \boxed{}$

エ

3 $8 \times 4 \times 2 = \boxed{} \times 8$

オ

$= \boxed{}$

カ

4 $5 \times 7 \times 2 = \boxed{} \times 7$

キ

$= \boxed{}$

ク

（答えはP38）

九九で解こう②

では仕上げに、暗算しやすいようにぶんかいして、それから九九で解くとラクチンな問題を計算してみよう。

ゴール ぶんかいして、九九を使ってラクに計算できるようになる。

例題 ぶんかいして九九で計算しよう。

$$18 \times 3 = \boxed{} \times \boxed{} \times 3$$

どんなふうにぶんかいしたらいいと思う？

こんなのはどうかな。

解答

$$18 \times 3 = \boxed{6} \times \boxed{3} \times 3$$

18をぶんかい

$$= 6 \times 9$$
$$= 54$$

こんなふうにぶんかいすると、ラクに計算できるよね（18を 2 × 9にぶんかいしてもいいよ）。

では、同じように計算してみよう。

問題 ぶんかいして九九で計算してみよう。□には 2 〜 9 の数が入るよ（エ、ク以外）。

① $14 \times 4 = $ ［ア］ $\times$ ［イ］ $\times 4$

14 をぶんかい

$= $ ［ウ］ $\times 8$

$= $ ［エ］

② $16 \times 4 = $ ［オ］ $\times$ ［カ］ $\times 4$

$= $ ［キ］ $\times 8$

$= $ ［ク］

36

❸ $27 \times 3 = \boxed{} \times \boxed{} \times 3$

ケ　コ

$= \boxed{} \times \boxed{}$

サ　シ

$= 81$

❹ $15 \times 3 = \boxed{} \times \boxed{} \times 3$

ス　セ

$= \boxed{} \times \boxed{}$

ソ　タ

$= 45$

（答えはP38）

これくらいの問題なら、筆算の方が速い場合もあるよね。
今回は、九九で分けて暗算するということだったけれど、本当なら、計算しやすい方法を使えばいいよね。

いずれにせよ、九九でぶんかいして計算するのに慣れたら、さぁ、ここからもっと大きな数をぶんかいしていこう。

ステージ2の答え

（P26、P27）

❶ア 2　イ 8　ウ 4　エ 4

❷オ 2　カ 9　キ 6　ク 3

❸ケ 8　コ 3　サ 6　シ 4

❹ス 9　セ 4　ソ 6　タ 6

（P30、P31）

❶ア 2　イ 7

❷ウ 3　エ 5

❸オ 3　カ 7

❹キ 5　ク 5

❺ケ 4　コ 7

❻サ 4　シ 8

❼ス 5　セ 7

❽ソ 6　タ 7

❾チ 6　ツ 8

❿テ 7　ト 7

⓫ナ 6　ニ 9

⓬ヌ 7　ネ 8

⓭ノ 7　ハ 9

⓮ヒ 8　フ 8

⓯ヘ 8　ホ 9

⓰マ 9　ミ 9

（P34）

❶ア 8　イ 56

❷ウ 6　エ 54

❸オ 8　カ 64

❹キ 10　ク 70

（P36、P37）

❶ア 7　イ 2　ウ 7　エ 56

❷オ 8　カ 2　キ 8　ク 64

❸ケ 9　コ 3　サ 9　シ 9

❹ス 5　セ 3　ソ 5　タ 9

2×7を7×2と
書くように、
数字が逆でも
正解だよ！

「5」があれば「2」を探そう！ 相性がバッチリのペアだよ

「10×12」の答えは120とすぐわかるのに、「5×24」といわれると筆算で解こうとしていない？

こんなときぶんかい算を利用すると、とってもかんたんに解けるんだ！

24は12×2だから

$5 \times 24 = 5 \times 2 \times 12$

$= 10 \times 12 = 120$ となる。

これは小数であっても同じ考え方で解けるんだ。

では、さっそく小数問題にあてはめてみよう。たとえば、2.4×5の小数計算。

2.4×5は、実は24×5とほぼ同じ計算でできることに気づいた？

小数点の位置に気をつけたら、あとは全く同じなんだ。

2つの筆算をくらべてみよう。

2.4×5と24×5

ね？　今回は、小数点1つ違うこと以外、全く同じでしょ？　ということは……

24×5＝120なので

2.4×5＝12（小数点を1つ動かすだけだね）　となる。

これで小数問題にも応用できるね！

でも、いつも10のかたまりがあるかどうかわからないよね。

24×10だったらわかりやすいけど、18×5は？　10のかたまりがあるのかな？

そんなときこそぶんかい算で問題の中にかくれている「2」と「5」をさがすんだ。

「2」は、2,4,6,8……などの「2」にぶんかいできる数（偶数）にかくれているし、

「5」は、5,15,25……などの数（5の倍数）にかくれているよね。

両方あると、10のかたまりができるんだ。

つまり、「2」と「5」は10をつくるのに相性バッチリの数なわけ。

これからは「5」があれば「2」をさがそう。そしたらラクに計算できる！

1〜400の数字を ぶんかいしよう!

1〜400のぶんかい

ステージ3では、九九を越えて、400までの数をぶんかいしてみよう。

えっ、400って数が大きくて大変そう……。
たしかに、はじめて解くとき、どうやってぶんかいしたらいいかわからないかもしれないね。

けれど、ここでは穴埋め式で、基本的に九九レベルで解けるようにしているから安心して!
数が大きくなってもやり方は同じだってことを、みんなに伝えていくからね。

ここに出てくる数字と計算式は、算数や数学の計算で本当によく出るものにしぼりにしぼっているんだ。だから、覚えていると計算がラクになるからおトクな数ばかり。

P91〜P94にぶんかい表をのせているから、ぜひ見てね。
特に、P90のラッキーナンバー表を覚えているとおトクだよ。
無理に覚えるのではなく、「へえ〜、この数はこんな計算で出るんだ!」と感動するようにしよう! そうすれば、問題を解いているうちに、だんだん覚えられるようになるぞ。

ゴール 1〜400のよく出る数をぶんかいすること。

1 ～ 100 の数字をぶんかいする

例題1　□に入る数字を入れてね。ただし、1は使いません。

下の解き方を参考にぶんかいしよう！

$$84 = 12 \times 7$$
$$= \boxed{} \times \boxed{} \times 7$$
$$= \boxed{} \times 2$$

解き方

ステップ1 一つ目の式をぶんかい。この場合、12をぶんかい。

ステップ2 12をぶんかいした2つの数を□に入れる。

ステップ3 ぶんかいした数をかけて、三つ目の式をつくるよ。これで、答えは同じだけど、別の式にもなることを体験してもらうよ。

解答

84 = 12 × 7

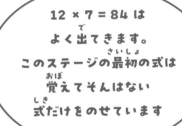

12 × 7 = 84 は
よく出てきます。
このステージの最初の式は
覚えてそんはない
式だけをのせています

❶ 12 を 6 × 2 にぶんかい！

ここの答えは 6、 2 ではなく、 4、 3 でもいいよ！
ただ、最後の式が □ × 2 なので、6 × 2 に
ぶんかいした方が計算しやすい！

❷ □に数字を入れて

= | 6 | × | 2 | × 7

❸ 6 × 7 を計算してまとめる！

= | 42 | × 2

84は42の2倍ってことなんだね。

つまり、半分にすれば九九にある数にぶんかいできる！

そうすれば、これまでの「九九にぶんかい」と同じやり方でぶんかいできるよね。

数が大きくなると、ちょっとイヤな気持ちになるかもしれない。

その気持ちはわかります。

ただ、くりかえすけれど、数が大きくなってもやり方は変わらないんだ。

どんどん数を小さいかたまりにぶんかいすれば、九九になるということが伝わったらいい

な。

例題2 □に入る数字を入れてね。ただし、1は使いません。

解き方を参考に解いてみよう！

$$64 = 16 \times 4$$
$$= \boxed{} \times \boxed{} \times 2 \times 2$$
$$= \boxed{} \times \boxed{} \times \boxed{} \times \boxed{} \times 2 \times 2$$

解き方

ステップ1 一つ目の式をぶんかい。この場合16をぶんかい。

ステップ2 16をぶんかいした2つの数を□に入れる。

ステップ3 さらにぶんかいして、三つ目の式をつくるよ。すべてバラバラにする。

16 × 4 = 64 も
よく出る数式だよ！

4 も 2 × 2 に
ぶんかいしている！

64 = 16 × 4

① 16 を 8 × 2 にぶんかい！

= 8 × 2 × 2 × 2

② さらにぶんかい！

= 2 × 2 × 2 × 2 × 2 × 2

64って、ぶんかいすると「2」だけで、できているんだ！　おもしろいよね。

こんなふうに、2 や 3、5、7 など、これ以上 1 以外に分けられない数字（素数）までバラバラにぶんかいする問題も出てくるよ。

それでは、次のページから、実際にみんなでぶんかいしてみよう。

① $16 = \boxed{} \times 2$

ア

$= \boxed{} \times 2 \times 2$

イ

$= \boxed{} \times \boxed{} \times 2 \times 2$

ウ　　エ

② $18 = \boxed{} \times 3$

オ

$= \boxed{} \times \boxed{} \times 3$

カ　　キ

③ $27 = \boxed{} \times 3$

ク

$= \boxed{} \times \boxed{} \times 3$

ケ　　コ

④ $32 = 16 \times 2$

$= \boxed{} \times 2 \times 2$

サ

$= \boxed{} \times \boxed{} \times 2 \times 2$

シ　　ス

$= \boxed{} \times \boxed{} \times 2 \times 2 \times 2$

セ　　ソ

（答えはP61）

⑤ $36 = 18 \times 2$

$= \boxed{}^{タ} \times 3 \times 2$

$= \boxed{}^{チ} \times \boxed{}^{ツ} \times 3 \times 2$

⑥ $45 = 15 \times 3$

$= \boxed{}^{テ} \times \boxed{}^{ト} \times 3$

⑦ $48 = 16 \times 3$

$= \boxed{}^{ナ} \times 2 \times 3$

$= \boxed{}^{ニ} \times 2$

$= 8 \times 6$

⑧ $50 = 25 \times 2$

$= \boxed{}^{ヌ} \times \boxed{}^{ネ} \times 2$

（答えはP61）

⑨ 72 = 36 × 2

= ⬜(ノ) × 9 × 2

= ⬜(ハ) × ⬜(ヒ) × ⬜(フ) × ⬜(ヘ) × 2

= 12 × 6

⑩ 75 = 25 × 3

= ⬜(ホ) × ⬜(マ) × 3

= ⬜(ミ) × 5

⑪ 96 = 16 × 6

= ⬜(ム) × 4 × ⬜(メ) × 2

= ⬜(モ) × 2

= 12 × 8

⑫ 100 = 25 × 4

= ⬜(ヤ) × ⬜(ユ) × ⬜(ヨ) × ⬜(ラ)

47

101 ～ 200 の数字をぶんかいする

例題3 □に2〜19のいずれかの数字を入れてね。

解き方を参考に解いてみよう！

$$144 = 12 \times 12$$
$$= \boxed{} \times 3 \times \boxed{} \times 3$$
$$= \boxed{} \times 9$$

解き方

ステップ1 一つ目の式をぶんかい。この場合12をそれぞれぶんかい。

ステップ2 ぶんかいした2つの数を□に入れる。

ステップ3 ぶんかいしたら、別のかたちでまとめる。この場合、3 × 3 = 9として、それ以外の数をかけて、まとめるよ。

$$144 = \underset{4 \times 3}{12} \times \underset{4 \times 3}{12}$$

① 12 を 4 × 3 にそれぞれぶんかい！

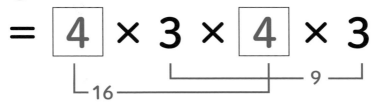

$$= \boxed{4} \times 3 \times \boxed{4} \times 3$$

16　　　　9

② さらにまとめる

$$= \boxed{16} \times 9$$

144は、12×12だけでなく、16× 9でもあることがわかるね。

また、ここでは紹介^{しょうかい}していないけど、18× 8も144なんだ。

九九^{くく}と同^{おな}じように、異^{こと}なる数字^{すうじ}をかけているのに、答^{こた}えが同^{おな}じになることがあるんだねぇ。

それでは、他^{ほか}の数字^{すうじ}もぶんかいしよう！

次^{つぎ}のページから覚^{おぼ}えているとおトクな計算^{けいさん}には★がついてるよ。

12 × 12 = 144
（イッシッシー）
なんだね！
覚^{おぼ}えていると
おトクだよ

問題 □に入る数字を入れてね。ただし、1は使いません。

★の数式は
覚えていると
おトクだよ！

1 ★ 102 = 17 × 6

　　　= 17 × □(ア) × □(イ)

2 ★ 104 = 13 × 8

　　　= 13 × □(ウ) × □(エ)

　　　= 13 × □(オ) × □(カ) × 2

3 ★ 105 = 15 × 7

　　　= □(キ) × □(ク) × 7

4 ★ 108 = 12 × 9

　　　= □(ケ) × □(コ) × 3 × 3

　　　= □(サ) × 6

5 125 = 25 × 5

　　　= □(シ) × □(ス) × □(セ)

6 $150 = 15 \times 10$

$$= \boxed{}_{ソ} \times \boxed{}_{タ} \times \boxed{}_{チ} \times 2$$

$$= \boxed{}_{ツ} \times 6$$

7 $156 = 12 \times 13$

$$= \boxed{}_{テ} \times \boxed{}_{ト} \times 13$$

$$= \boxed{}_{ナ} \times \boxed{}_{ニ} \times \boxed{}_{ヌ} \times 13$$

8 $168 = 12 \times 14$

$$= \boxed{}_{ネ} \times 2 \times \boxed{}_{ノ} \times 2$$

$$= \boxed{}_{ハ} \times \boxed{}_{ヒ} \times 2 \times \boxed{}_{フ} \times 2$$

9 $192 = 12 \times 16$

$$= \boxed{}_{ヘ} \times 2 \times \boxed{}_{ホ} \times 2$$

$$= \boxed{}_{マ} \times \boxed{}_{ミ} \times 2 \times \boxed{}_{ム} \times \boxed{}_{メ} \times 2$$

$$= \boxed{}_{モ} \times \boxed{}_{ヤ} \times 2 \times \boxed{}_{ユ} \times \boxed{}_{ヨ} \times \boxed{}_{ラ} \times 2$$

10 $196 = 14 \times 14$

$$= \boxed{}_{リ} \times 2 \times \boxed{}_{ル} \times 2$$

$$= \boxed{}_{レ} \times 4$$

（答えはP61）

201 〜 300 の数字をぶんかいする

例題4　□に 2〜19のいずれかの数字を入れよう。

解き方を参考にしてね

105になる計算式ってなんだっけ？

$$210 = 105 \times 2$$
$$= \boxed{} \times 7 \times \boxed{}$$
$$= \boxed{} \times \boxed{} \times 7 \times \boxed{}$$

解き方

ステップ1　一つ目の式をぶんかい。この場合105をそれぞれぶんかい。

ステップ2　ぶんかいした数を□に入れる。

ステップ3　ぶんかいしたらさらにぶんかいしていく。

$$210 = \underline{105} \times 2$$
$$15 \times 7$$

❶ 105 をぶんかい！

$$= \boxed{15} \times 7 \times \boxed{2}$$

❷ さらに 15 をぶんかい

$$= \boxed{3} \times \boxed{5} \times 7 \times \boxed{2}$$

210は、105を2倍すると出るんだね。

105ってP50の問題に出てきたのを覚えている？

たしか、15×7だったね。

他にも、102や104、108が出てきたよね。

こんなふうに十の位がゼロの数のぶんかいは覚えているとおトクだよ。

次の問題にも出てくるから、頭に入れておいてね。

わからなくなったら、ページを見返して解いても大丈夫だよ。

15 × 7 = 105
覚えているとおトク

① ★ $204 = 102 \times 2$

$$= 17 \times \boxed{} \times 2$$

$$= 17 \times \boxed{} \times \boxed{} \times 2$$

② ★ $208 = 104 \times 2$

$$= 13 \times \boxed{} \times 2$$

$$= 13 \times \boxed{} \times \boxed{} \times 2$$

$$= 13 \times \boxed{} \times \boxed{} \times \boxed{} \times 2$$

③ ★ $216 = 108 \times 2$

$$= \boxed{} \times 9 \times 2$$

$$= \boxed{} \times \boxed{} \times \boxed{} \times \boxed{} \times 2$$

$$= \boxed{} \times \boxed{} \times \boxed{} \times \boxed{} \times \boxed{} \times 2$$

$$= 6 \times 6 \times 6$$

④ 224 = 14 × 16

$$= \boxed{}^{ト} × 7 × \boxed{}^{ナ} × 2$$

$$= \boxed{}^{ニ} × 7 × \boxed{}^{ヌ} × \boxed{}^{ネ} × \boxed{}^{ノ} × 2$$

⑤ 256 = 16 × 16

$$= \boxed{}^{ハ} × 4 × \boxed{}^{ヒ} × 4$$

$$= \boxed{}^{フ} × \boxed{}^{ヘ} × \boxed{}^{ホ} × \boxed{}^{マ} × \boxed{}^{ミ} × \boxed{}^{ム} × \boxed{}^{メ} × \boxed{}^{モ}$$

⑥ 288 = 144 × 2

$$= \boxed{}^{ヤ} × 12 × 2$$

$$= \boxed{}^{ユ} × \boxed{}^{ヨ} × 4 × 3 × 2$$

$$= \boxed{}^{ラ} × \boxed{}^{リ} × \boxed{}^{ル} × \boxed{}^{レ} × \boxed{}^{ロ} × 3 × 2$$

（答えはP61）

計算が楽しくなる、数字の物語

計算が得意な人は、数字のそれぞれの特徴をよくつかんでいるもの。

24を見れば、3×8、4×6とぶんかいできるし、5倍すれば120。

半分にすれば12になって、時計1周分だ。

けれど、こうしたことに気づいて算数を学んでいる人がどれくらいいるだろうか。

算数は毎回新しい単元に進み、何のためにやっているのか、よくわからないまま。

とりあえず目の前の問題をこなすので精一杯。

相性のいい数が何か、なんて考えたこともない。そうこうしているうちに、新しい

問題がまたやってくる。だから、数字のつながりについて考える余裕はどんどんな

くなっていく。

それはまるで終わりの見えない山登りのような気がするな。

そんなふうに算数とつき合ってきた人が、算数・数学ができるようになるかな……。

時計1周って12時間だよね。2周すると24時間、それは1日で……1時間は60分。

つまり5分が12回……。秒にすると1時間3600秒。

5、12、24、60、3600……数字と日常生活が組み合わさって、いくつもの「物語」

が頭の中に浮かんでくる。

一見関連がなさそうでも、この本を通して、計算しやすい数の関係に気づくはず。

数の性質をよく知っていれば、数字がただの数字には見えない。それぞれの数には

「性格」があって、「家族」や「友達」がいることがわかってくるんだ。

2と5を見つけると、10ができると気づくし、36を見ると、ぶんかいした数がい

ろいろ思い浮かぶ。

相性のよさを知ると、計算しやすい「相性」のいい数字を見つけたら「ラッキー！

カンタンに計算できる！」とうれしくなるね。

やみくもに計算してはいけない。

そのために、まずは数の性質を深く知るべきじゃないかな。

そんなふうに数字と親しむことができれば、計算嫌いの呪いから解き放たれるはず

だよ。

301 〜 400 の数字をぶんかいする

例題5 □に 2 〜19のいずれかの数字を入れよう。

$$336 = 6 \times 7 \times 8$$

$$= \boxed{} \times \boxed{} \times 7 \times \boxed{} \times 2$$

$$= \boxed{} \times \boxed{} \times 7 \times \boxed{} \times \boxed{} \times 2$$

解き方

ステップ 1 一つ目の式をぶんかい。この場合、6と8をそれぞれぶんかい。

ステップ 2 ぶんかいした数をそれぞれ□に入れる。

ステップ 3 まだぶんかいできるなら、さらにぶんかいするよ。

$$336 = \frac{6}{3 \times 2} \times 7 \times \frac{8}{4 \times 2}$$

❶ 6と8をぶんかい！

$$= \boxed{3} \times \boxed{2} \times 7 \times \boxed{4} \times 2$$

❷ 4を2×2にぶんかい！

$$= \boxed{3} \times \boxed{2} \times 7 \times \boxed{2} \times \boxed{2} \times 2$$

336は、6×7×8にぶんかいできるんだ。これって一つずつ増える「数字の階段」になっているね。

336とだけ聞くと、どんな特徴かわからないけれど、ぶんかいすると、なにやらルールがあるような気がしてくる。

こんなふうに、数字がただの数字ではなく、数字のつながりを感じられるようになると、楽しめるようになるんじゃないかな。

6、7、8とつづくと336になる！　みんな、頭の片隅に入れておこう。

では、ぶんかいの仕上げに400までの数をぶんかいしよう。

これで20×20までの算数でよく出る数字のほとんどを扱ったことになるよ！

8は2×2×2って知っていた？

1 ★ 304 = 16 × 19

$$= \boxed{}^{ア} \times 8 \times 19$$

2 ★ 306 = 102 × 3

$$= \boxed{}^{イ} \times 6 \times 3$$

$$= \boxed{}^{ウ} \times \boxed{}^{エ} \times \boxed{}^{オ} \times 3$$

3 ★ 312 = 104 × 3

$$= \boxed{}^{カ} \times 8 \times 3$$

$$= \boxed{}^{キ} \times \boxed{}^{ク} \times \boxed{}^{ケ} \times \boxed{}^{コ} \times 3$$

4 ★ 315 = 105 × 3

$$= \boxed{}^{サ} \times 7 \times 3$$

$$= \boxed{}^{シ} \times \boxed{}^{ス} \times 7 \times 3$$

（答えはP61）

⑤ ★ 324 = 108 × 3

$$= \boxed{}^{セ} \times 9 \times 3$$

$$= \boxed{}^{ソ} \times \boxed{}^{タ} \times \boxed{}^{チ} \times 3 \times 3 \times 3$$

$$= 18 \times 18$$

⑥ 384 = 64 × 2 × 3

$$= \boxed{}^{ツ} \times \boxed{}^{テ} \times 2 \times 3$$

$$= \boxed{}^{ト} \times \boxed{}^{ナ} \times \boxed{}^{ニ} \times \boxed{}^{ヌ} \times \boxed{}^{ネ} \times \boxed{}^{ノ} \times 2 \times 3$$

おまけ問題

★ 504 = 14 × 18 × 2

$$= \boxed{}^{ハ} \times 2 \times \boxed{}^{ヒ} \times 2 \times 2$$

$$= \boxed{}^{フ} \times 8 \times \boxed{}^{ヘ}$$

（答えはP61）

ステージ3の答え

（P45、P46、P47）

❶ア8　イ4　ウ2　エ2

❷オ6　カ2　キ3

❸ク9　ケ3　コ3

❹サ8　シ4　ス2　セ2　ソ2

❺タ6　チ2　ツ3

❻テ5　ト3

❼ナ8　ニ24

❽ヌ5　ネ5

❾ノ4　ハ2　ヒ2　フ3　ヘ3

❿ホ5　マ5　ミ15

⓫ム4　メ3　モ48

⓬ヤ5　ユ5　ヨ2　ラ2

（P50、P51）

❶ア3　イ2

❷ウ4　エ2　オ2　カ2

❸キ5　ク3

❹ケ6　コ2　サ18

❺シ5　ス5　セ5

❻ソ5　タ3　チ5　ツ25

❼テ4　ト3　ナ2　ニ2　ヌ3

❽ネ6　ノ7　ハ3　ヒ2　フ7

❾ヘ6　ホ8　マ3　ミ2　ム4　メ2
　　モ3　ヤ2　ユ2　ヨ2　ラ2

❿リ7　ル7　レ49

（P54、P55）

❶ア6　イ3　ウ2

❷エ8　オ4　カ2　キ2　ク2　ケ2

❸コ12　サ4　シ3　ス3　セ3
　　ソ2　タ2　チ3　ツ3　テ3

❹ト2　ナ8　ニ2　ヌ2　ネ2　ノ2

❺ハ4　ヒ4　フ2　ヘ2　ホ2　マ2
　　ミ2　ム2　メ2　モ2

❻ヤ12　ユ4　ヨ3
　　ラ2　リ2　ル3　レ2　ロ2

（P59、P60）

❶ア2

❷イ17　ウ17　エ2　オ3

❸カ13　キ13　ク2　ケ2　コ2

❹サ15　シ3　ス5

❺セ12　ソ2　タ2　チ3

❻ツ8　テ8　ト2　ナ2　ニ2　ヌ2
　　ネ2　ノ2

おまけ問題

ハ7　ヒ9　フ7　ヘ9

> ぶんかいした
> 数字の順番は
> 入れ替えてもOK!

61

知っていたらおトク ★ラッキーナンバーって何？

11や13、17、19など、見たところ暗算しづらそうな数が入っていたらどうする？
九九で解けないし、筆算で解きたくなるんじゃないかな。

でも、ちょっと待って！

11や13、17、19は、それぞれある数をかけると計算しやすくなるんだ。

$$17 \times 6 = 102 \qquad 18 \times 6 = 108$$

$$13 \times 8 = 104 \qquad 11 \times 19 = 209$$

$$15 \times 7 = 105 \qquad 16 \times 19 = 304$$

$$12 \times 9 = 108 \qquad 7 \times 8 \times 9 = 504$$

たとえば、計算式の中で17と6を見つけると「ラッキー！」な気分になる。

17×6の答え102は、暗算しやすい数だからね。ぼくたちは、102や104など、暗算しやすい数をラッキーナンバーと呼んでいるんだ。

では、どうしてラッキーナンバーを使うと暗算しやすいかって？

これは十の位が「０」であるところがポイントなんだ。

それでは最後に、ステージ４でラッキーナンバーを使った計算方法を伝授しよう。

相性のいい数を探しだせ！

それぞれのラッキーナンバーとなるかけ算のペアに丸をつけてね。

1 ラッキーナンバー **102** はどれ？

13×8　　15×7　　17×6

2 ラッキーナンバー **104** はどれ？

17×6　　15×7　　13×8

3 ラッキーナンバー **105** はどれ？

13×8　　15×7　　17×6

4 ラッキーナンバー **108** はどれ？

12×9　　15×7　　17×6

5 ラッキーナンバー **504** はどれ？

$4 \times 5 \times 6$　　$6 \times 7 \times 8$　　$7 \times 8 \times 9$

解答
1 17×6　**2** 13×8　**3** 15×7　**4** 12×9　**5** $7 \times 8 \times 9$

ラッキーがたくさん！

知っているとおトクな数は他にもあるよ。

$$11 \times 11 = 121 \qquad 16 \times 16 = 256$$
$$12 \times 12 = 144 \qquad 17 \times 17 = 289$$
$$13 \times 13 = 169 \qquad 18 \times 18 = 324$$
$$14 \times 14 = 196 \qquad 19 \times 19 = 361$$
$$15 \times 15 = 225$$

11×11〜19×19もこの本で扱っているよ。
ぶんかい算をマスターしている人は、上の数はいつのまにか覚えてしまっている。

みんなもこの本を読み終わるときには、いくつか覚えているといいね。
覚えるコツは、数字を頭の中にくっきりとイメージすること。頭の中に「11×11」を浮かべると自然と「121」と見えてくるほどイメージ力が高まることを目指そう。
ステージ1でトレーニングしたようにイメージする習慣がつけば、ぶんかい算で暗算していると自然と覚えられるよ。

覚えられないよ！　という人は、この本のP90にラッキーナンバー表がのっているので、問題を解いているときに、いつ見てもいいよ！
見て学んでいるうちに、覚えやすくなるはず。

計算問題は、計算しない!?

たとえば、12×18の計算。

もちろん筆算で解けるけれど、12×9×2とすれば108の2倍で暗算できることに気づくかな。

頭がいい人は、計算しやすいところから計算したり、あとでまとめて計算したり、なるべく複雑な計算をしない方法を考えて、柔軟に取り組んでいるんだ。

やみくもに解くのは、賢いやり方とはいえない。

もちろん筆算はいつでも役に立つ。インド式計算やさくらんぼ計算だってそうだ。

けれど、12×18を筆算で解くより、ぶんかい算で解く方が明らかにラクだと思わないかい?

筆算のような万能な「計算方法」が、逆に遠回りになることがあるんだ。

どうしたらもっとかんたんに苦労せずに計算できるのか。

実は、計算は決まったやり方があるわけではない。その問題ごとに、できるだけ余計な計算をせず、ラクに解ける方法を見つけるべきだと思う。

計算問題は、むやみに「計算しない」ことが大切とも言えるだろうね。

たしかに学校の計算ドリルの宿題では手順を大切にすべきこともあるよね。筆算や式を書かないとしかる先生もいるかもしれない(最近は少なくなったかな)。

でもね、さっきの12×18のように、筆算を書かない方が速く解けることがある。どんなときに筆算が必要で、式を書くべきなのか、そうしたことをあれこれ試す(試行錯誤する)ことも筆算で計算する力がある以上に大切な学びだと思うんだ。

「もっといい方法はないか」と考える。これは単なる計算ではなく、いいアイデアが思いつくためのトレーニングとも言えるかもしれない。

計算問題もつきつめると、とってもクリエイティブな学びになるんだ。

ぶんかい算を使いこなせば算数が得意になる！

ラッキーナンバーをどんどん使う！

さあ、ここからいよいよぶんかい算を使いこなすよ！

ラッキーナンバーを使いながら、無駄な計算しなくても答えが出ちゃうラクラク暗算法をマスターしよう！

例題1　102×2を計算してね。

解き方

100×2と2×2をたすと204。答えは204だね。

図のように数式をお魚にして計算するとなぜかできることが多いよ。

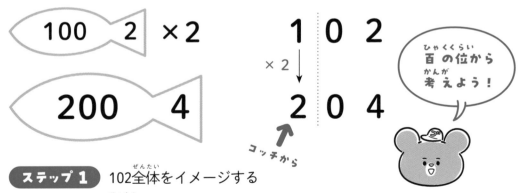

ステップ1　102全体をイメージする

ステップ2　筆算でやらない！

十の位がゼロだから、繰り上がりのたし算をおこなわなくてもいいんだ！　わざわざ筆算でやる必要はないよ。

ステップ3　100と2を一気に2倍！

筆算だと一の位から計算するけど、こんなふうに100と2を一気に2倍する方が速く暗算できる。「4」からではなく、「200……4！」と思い浮かべよう！

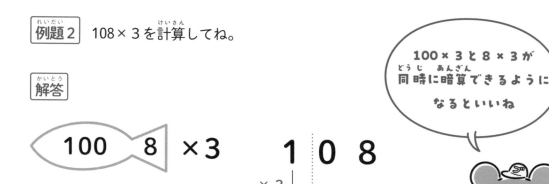

例題2 108 × 3 を計算してね。

解答

100 × 3 と 8 × 3 が
同時に暗算できるように
なるといいね

$$108 \times 3 = 300 + 24 = 324$$

どうかな？

例題2のように、一の位が繰り上がっても、ラクに計算できるんだ。

これだとわざわざ筆算する必要はない。さっと暗算できちゃう。

書くときは、百の位から書くようにしよう。

その方が暗算がもっと速くなるよ。

もちろん慣れるのに、少し時間が必要かもしれないね。

でも、慣れたら暗算スピードが劇的に速くなる！

108って計算がラクなラッキーな数字に見えてきた？

みんなもこのやり方をマスターしてね。

問題 次の□に1〜9の数を入れてね。

1 104 × 2

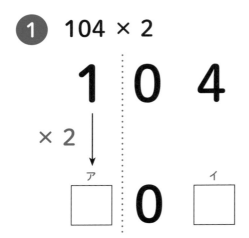

2 102 × 3

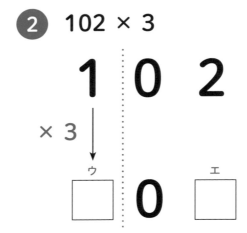

3 102 × 4

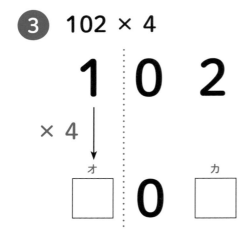

4 105 × 2

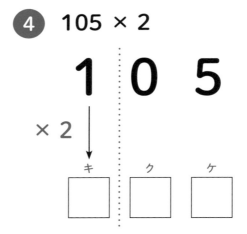

5 104 × 8

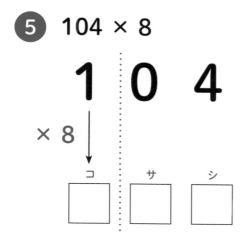

6 108 × 9

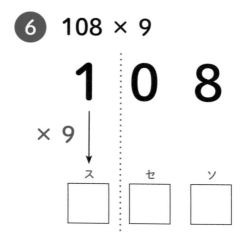

7 209 × 4

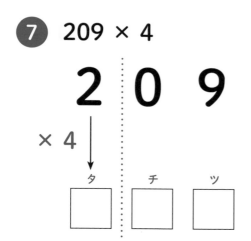

8 304 × 7

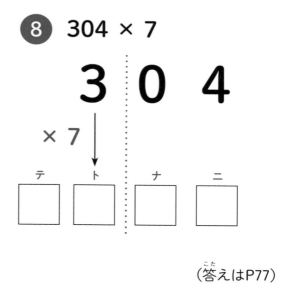

（答えはP77）

さあ！ ぶんかい算で解いてみよう

ラッキーナンバーを使った暗算に慣れたら、いよいよぶんかい算にチャレンジ！

例題　17×12を計算しよう。

解き方

$$17 \times \frac{12}{6 \times 2}$$

$$= 102 \times 2 \quad \boxed{100 \quad 2} \times 2$$

$$= 204 \quad \boxed{200 \quad 4}$$

ステップ1　ラッキーナンバーを探す。この場合、12をぶんかいして6をつくる。

ステップ2　17×6を先にかけ算してラッキーナンバー102をつくる。

ステップ3　ラッキーナンバー102を使って102×2を暗算！

17があったら、ぶんかいして「6」がないかなあと探そう。6があったらラッキー！　17×6を計算してラッキーナンバー102をつくることができるんだ。それをもとに計算すると難しそうだった17×12もいともかんたんに計算できてしまうよね。

筆算を書く必要もなく、暗算で解けてしまうんだ。

やみくもに筆算で計算しようとばかりしないように、やわらかい頭で計算に取り組んでほしい！　それでは次からラッキーナンバー探しのはじまりだ！

問題 次の□に数字を入れてね。□には100以上の数が入ることもあるよ。
ラッキーナンバー表を使っても大丈夫。

1 17 × 18

= 17 × □(ア) × 3

= □(イ) × 3

= □(ウ)

2 13 × 16

= 13 × □(エ) × □(オ)

= □(カ) × 2

= □(キ)

3 18 × 12

= 18 × □(ク) × □(ケ)

= □(コ) × 2

= □(サ)

ラッキーナンバー表

102 = 17 × 6

104 = 13 × 8

105 = 15 × 7

108 = 12 × 9 = 18 × 6

209 = 11 × 19

304 = 16 × 19

504 = 7 × 8 × 9

❹ 15×21

$= 15 \times \boxed{} \times 3$

$= \boxed{} \times 3$

$= \boxed{}$

❺ 12×18

$= 12 \times \boxed{} \times 2$

$= \boxed{} \times 2$

$= \boxed{}$

❻ 19×22

$= 19 \times \boxed{} \times 2$

$= \boxed{} \times 2$

$= \boxed{}$

ラッキーナンバー表

$102 = 17 \times 6$

$104 = 13 \times 8$

$105 = 15 \times 7$

$108 = 12 \times 9 = 18 \times 6$

$209 = 11 \times 19$

$304 = 16 \times 19$

$504 = 7 \times 8 \times 9$

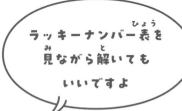

ラッキーナンバー表を
見ながら解いても
いいですよ

（答えはP77）

ぶんかい算をもっと使いこなす！

それでは、最後に仕上げをしよう。ぶんかいしたり、組み合わせたりして、ラクに暗算する方法を探してみよう。

例題 6×12×14を計算しよう。

解き方

$$6 \times 12 \times 14$$
$$\underline{2 \times 3} \quad \underline{3 \times 4} \quad \underline{2 \times 7}$$

$$= 2 \times 3 \times 3 \times 4 \times 2 \times 7$$

$$= 7 \times 8 \times 9 \times 2$$

ラッキーナンバーが出た！

$$= 504 \times 2 = 1008$$

ステップ1 ラッキーナンバーを探しながらぶんかいする。
ステップ2 組み合わせてラッキーナンバーをつくる。
ステップ3 ラッキーナンバーを使ってかけ算する。

さあ、次のページの問題が最後だよ。
少し難しいかもしれないけれど、これを乗り越えたらぶんかい算をマスターできるぞ！

73

❶ 18 × 8 × 3

= [ア　　] × 3 × [イ　　] × 4 × 3

= 12 × 9 × 4

= [ウ　　　　　] × 4

= [エ　　　　　]

❷ 19 × 8 × 4

= 19 × 8 × [オ　　] × [カ　　]

= 19 × [キ　　] × 2

= [ク　　　　　] × 2

= [ケ　　　　　]

❸ 15 × 21

= 15 × [コ　　] × 3

= [サ　　　　　] × 3

= [シ　　　　　]

❹ 12 × 6 × 3

= 12 × $\boxed{}^{ス}$ × 2 × 3

= 12 × $\boxed{}^{セ}$ × 2

= $\boxed{}^{ソ}$ × 2

= $\boxed{}^{タ}$

❺ 13 × 4 × 4

= 13 × 4 × $\boxed{}^{チ}$ × $\boxed{}^{ツ}$

= 13 × $\boxed{}^{テ}$ × 2

= $\boxed{}^{ト}$ × 2

= $\boxed{}^{ナ}$

❻ 19 × 33

= 19 × $\boxed{}^{ニ}$ × 3

= $\boxed{}^{ヌ}$ × 3

= $\boxed{}^{ネ}$

7 $7 \times 16 \times 9$

$= 7 \times \boxed{}_{ノ} \times \boxed{}_{ハ} \times 9$

$= 7 \times \boxed{}_{ヒ} \times 9 \times 2$

$= \boxed{}_{フ} \times 2$

$= \boxed{}_{ヘ}$

8 15×35

$= 15 \times \boxed{}_{ホ} \times 5$

$= \boxed{}_{マ} \times 5$

$= \boxed{}_{ミ}$

9 $3 \times 8 \times 17$

$= 3 \times \boxed{}_{ム} \times \boxed{}_{メ} \times 17$

$= 4 \times 6 \times 17$

$= 4 \times \boxed{}_{モ}$

$= \boxed{}_{ヤ}$

（答えはP77）

ステージ4の答え

（P68、P69）

❶ア2　イ8

❷ウ3　エ6

❸オ4　カ8

❹キ2　ク1　ケ0

❺コ8　サ3　シ2

❻ス9　セ7　ソ2

❼タ8　チ3　ツ6

❽テ2　ト1　ナ2　ニ8

（P71、P72）

❶ア6　イ102　ウ306

❷エ8　オ2　カ104　キ208

❸ク6　ケ2　コ108　サ216

❹シ7　ス105　セ315

❺ソ9　タ108　チ216

❻ツ11　テ209　ト418

（P74、P75、P76）

❶ア6　イ2　ウ108　エ432

❷オ2　カ2　キ16　ク304　ケ608

❸コ7　サ105　シ315

❹ス3　セ9　ソ108　タ216

❺チ2　ツ2　テ8　ト104　ナ208

❻ニ11　ヌ209　ネ627

❼ノ8　ハ2　ヒ8　フ504　ヘ1008

❽ホ7　マ105　ミ525

❾ム2　メ4　モ102　ヤ408

ラッキーナンバーは
覚えられた？ 問題を解いて、
丸つけしているうちに
覚えられるといいね

1 $4 \times 7 \times 2$

$= \boxed{} \times 7$

$= \boxed{}$

2 $3 \times 9 \times 2$

$= \boxed{} \times 9$

$= \boxed{}$

3 $8 \times 4 \times 2$

$= \boxed{} \times 8$

$= \boxed{}$

4 $5 \times 7 \times 2$

$= \boxed{} \times 7$

$= \boxed{}$

5 $6 \times 3 \times 3$

$= \boxed{} \times \boxed{}$

$= 54$

6 $2 \times 9 \times 5$

$= \boxed{} \times \boxed{}$

$= 90$

7 18×3

$= \boxed{} \times \boxed{} \times 3$

$= \boxed{}$

8 14×4

$= \boxed{} \times \boxed{} \times 4$

$= \boxed{} \times 8$

$= \boxed{}$

9 16×4

$= \boxed{} \times \boxed{} \times 4$

$= \boxed{} \times 8$

$= \boxed{}$

10 27×3

$= \boxed{} \times \boxed{} \times 3$

$= \boxed{} \times \boxed{} = 81$

（答えはP85）

1 27

$= \boxed{}^{ア} \times 3$

$= \boxed{}^{イ} \times \boxed{}^{ウ} \times 3$

2 32

$= 16 \times 2$

$= \boxed{}^{エ} \times 2 \times 2$

$= \boxed{}^{オ} \times \boxed{}^{カ} \times 2 \times 2$

$= \boxed{}^{キ} \times \boxed{}^{ク} \times \boxed{}^{ケ} \times 2 \times 2$

3 36

$= 18 \times 2$

$= \boxed{}^{コ} \times 3 \times 2$

$= \boxed{}^{サ} \times \boxed{}^{シ} \times 3 \times 2$

4 64

$= 16 \times 4$

$= \boxed{}^{ス} \times \boxed{}^{セ} \times 2 \times 2$

$= \boxed{}^{ソ} \times \boxed{}^{タ} \times \boxed{}^{チ} \times \boxed{}^{ツ} \times 2 \times 2$

5 84

$= 12 \times 7$

$= \boxed{}^{テ} \times \boxed{}^{ト} \times 7$

$= \boxed{}^{ナ} \times 2$

6 102

$= 17 \times 6$

$= 17 \times \boxed{}^{ニ} \times \boxed{}^{ヌ}$

7 104

$= 13 \times 8$

$= 13 \times \boxed{}^{ネ} \times \boxed{}^{ノ}$

$= 13 \times \boxed{}^{ハ} \times \boxed{}^{ヒ} \times 2$

8 105

$= 15 \times 7$

$= \boxed{}^{フ} \times \boxed{}^{ヘ} \times 7$

9 108

$= 12 \times 9$

$= \boxed{}^{ホ} \times \boxed{}^{マ} \times 3 \times 3$

$= \boxed{}^{ミ} \times 6$

1 125
= 25 × 5
= □ア × □イ × □ウ

2 204
= 102 × 2
= 17 × □エ × 2
= 17 × □オ × □カ × 2

3 208
= 104 × 2
= 13 × □キ × 2
= 13 × □ク × □ケ × 2
= 13 × □コ × □サ × □シ × 2

4 256
= 16 × 16
= □ス × 4 × □セ × 4
= □ソ × □タ × □チ × □ツ ×
　□テ × □ト × □ナ × □ニ

5 312
= 104 × 3
= □ヌ × 8 × 3
= □ネ × □ノ × □ハ × □ヒ × 3

6 315
= 105 × 3
= □フ × 7 × 3
= □ヘ × □ホ × 7 × 3

7 324
= 108 × 3
= □マ × 9 × 3
= □ミ × □ム × □メ × 3 × 3 × 3
= 18 × 18

8 504
= 14 × 18 × 2
= □モ × 2 × □ヤ × 2 × 2
= □ユ × 8 × □ヨ

（答えはP85）

問題1

❶ $102 \times 3 = \boxed{}^{ア}$

❷ $104 \times 2 = \boxed{}^{イ}$

❸ $105 \times 3 = \boxed{}^{ウ}$

❹ $108 \times 2 = \boxed{}^{エ}$

❺ $209 \times 2 = \boxed{}^{オ}$

❻ $304 \times 3 = \boxed{}^{カ}$

❼ $504 \times 2 = \boxed{}^{キ}$

問題2

❶ 17×18
$= 17 \times \boxed{}^{ア} \times \boxed{}^{イ}$
$= \boxed{}^{ウ} \times 3$
$= \boxed{}^{エ}$

❷ 13×16
$= 13 \times \boxed{}^{オ} \times \boxed{}^{カ}$
$= \boxed{}^{キ} \times 2$
$= \boxed{}^{ク}$

❸ 18×12
$= 18 \times \boxed{}^{ケ} \times \boxed{}^{コ}$
$= \boxed{}^{サ} \times 2$
$= \boxed{}^{シ}$

❹ 15×21
$= 15 \times \boxed{}^{ス} \times \boxed{}^{セ}$
$= \boxed{}^{ソ} \times 3$
$= \boxed{}^{タ}$

❺ 12×18
$= 12 \times \boxed{}^{チ} \times \boxed{}^{ツ}$
$= \boxed{}^{テ} \times 2$
$= \boxed{}^{ト}$

❻ 19×22
$= 19 \times \boxed{}^{ナ} \times \boxed{}^{ニ}$
$= \boxed{}^{ヌ} \times 2$
$= \boxed{}^{ネ}$

（答えはP85）

問題1

❶ $18 × 8 × 3$

$= \boxed{} × \boxed{} × \boxed{} × \boxed{} × 3$

$= 12 × 9 × \boxed{}$

$= \boxed{} × 4$

$= \boxed{}$

❷ $4 × 8 × 19$

$= \boxed{} × \boxed{} × 8 × 19$

$= \boxed{} × \boxed{} × 19$

$= 2 × \boxed{}$

$= \boxed{}$

❸ $15 × 21$

$= 15 × \boxed{} × \boxed{}$

$= \boxed{} × 3$

$= \boxed{}$

❹ $12 × 6 × 3$

$= 12 × \boxed{} × \boxed{} × 3$

$= 12 × \boxed{} × \boxed{}$

$= \boxed{} × 2$

$= \boxed{}$

❺ $13 × 4 × 4$

$= 13 × 4 × \boxed{} × \boxed{}$

$= 13 × \boxed{} × \boxed{}$

$= \boxed{} × 2$

$= \boxed{}$

❻ $19 × 22$

$= 19 × \boxed{} × \boxed{}$

$= \boxed{} × 2$

$= \boxed{}$

（答えはP85）

総まとめテスト

問題1　九九にぶんかい（ステージ2）

❶ 12 = □ × □ = □ × □
　　　　 ア　　イ　　ウ　　エ

❷ 16 = □ × □ = □ × □
　　　　 オ　　カ　　キ　　ク

❸ 18 = □ × □ = □ × □
　　　　 ケ　　コ　　サ　　シ

❹ 24 = □ × □ = □ × □
　　　　 ス　　セ　　ソ　　タ

❺ 36 = □ × □ = □ × □
　　　　 チ　　ツ　　テ　　ト

問題2　九九で計算（ステージ2）

❶ 4 × 7 × 2
　 = □ × 7
　　 ア
　 = □
　　 イ

❷ 3 × 8 × 2
　 = □ × 8
　　 ウ
　 = □
　　 エ

❸ 27 × 3
　 = □ × □ × 3
　　 オ　　カ
　 = □ × □
　　 キ　　ク
　 = □
　　 ケ

❹ 16 × 4
　 = □ × □ × 4
　　 コ　　サ
　 = □ × 8
　　 シ
　 = □
　　 ス

問題3　ぶんかいしよう（ステージ3）

❶ 102 = 17 × □
　　　　　　　 ア

❷ 104 = 13 × □
　　　　　　　 イ

❸ 105 = 15 × □
　　　　　　　 ウ

❹ 108
　 = 12 × □
　　　　　 エ
　 = 18 × □
　　　　　 オ

（答えはP86）

83

⑤ $209 = 19 \times \boxed{}^{カ}$

⑥ $304 = 16 \times \boxed{}^{キ}$

⑦ $84 = \boxed{}^{ク} \times 7$

⑧ $96 = \boxed{}^{ケ} \times 8$

⑨ $216 = 6 \times 6 \times 6$

$\quad = \boxed{}^{コ} \times 3 \times 3 \times 3$

⑩ $324 = 18 \times 18$

$\quad = \boxed{}^{サ} \times 9 \times 9$

問題4 ラッキーナンバー（ステージ4）

❶ $17 \times 6 = \boxed{}^{ア}$

❷ $13 \times 8 = \boxed{}^{イ}$

❸ $15 \times 7 = \boxed{}^{ウ}$

❹ $12 \times 9 = \boxed{}^{エ}$

❺ $19 \times 11 = \boxed{}^{オ}$

❻ $16 \times 19 = \boxed{}^{カ}$

問題5 ぶんかい算を使いこなす！（ステージ4）

❶ 17×18

$= 17 \times \boxed{}^{ア} \times 3$

$= \boxed{}^{イ} \times 3$

$= \boxed{}^{ウ}$

❷ $3 \times 8 \times 17$

$= 3 \times \boxed{}^{エ} \times \boxed{}^{オ} \times 17$

$= \boxed{}^{カ} \times 4$

$= \boxed{}^{キ}$

❸ 15×35

$= 15 \times \boxed{}^{ク} \times \boxed{}^{ケ}$

$= \boxed{}^{コ} \times 5$

$= \boxed{}^{サ}$

❹ 21×24

$= 3 \times \boxed{}^{シ} \times 3 \times \boxed{}^{ス}$

$= \boxed{}^{セ} \times \boxed{}^{ソ} \times \boxed{}^{タ}$

$= \boxed{}^{チ}$

（答えはP86）

小テストの答え

（P78）小テスト1

❶ ア8　イ56
❷ ウ6　エ54
❸ オ8　カ64
❹ キ10　ク70
❺ ケ6　コ9
❻ サ10　シ9
❼ ス9（6）　セ2（3）　ソ54
❽ タ7　チ2　ツ7　テ56
❾ ト8　ナ2　ニ8　ヌ64
❿ ネ9　ノ3　ハ9　ヒ9

（P79）小テスト2

❶ ア9　イ3　ウ3
❷ エ8　オ4　カ2　キ2
　ク2　ケ2
❸ コ6　サ3　シ2
❹ ス8（4）セ2（4）
　ソ2　タ2
　チ2　ツ2
❺ テ6　ト2　ナ42
❻ ニ3　ヌ2
❼ ネ4　ノ2　ハ2　ヒ2
❽ フ5　ヘ3
❾ ホ6　マ2　ミ18

（P80）小テスト3

❶ ア5　イ5　ウ5
❷ エ6　オ3　カ2
❸ キ8　ク4　ケ2　コ2
　サ2　シ2
❹ ス4　セ4　ソ2　タ2
　チ2　ツ2　テ2　ト2
　ナ2　ニ2
❺ ヌ13　ネ13　ノ2　ハ2
　ヒ2
❻ フ15　ヘ5　ホ3
❼ マ12　ミ2　ム2　メ3
❽ モ7　ヤ9　ユ7　ヨ9

（P81）小テスト4

問題1

❶ ア306
❷ イ208
❸ ウ315
❹ エ216
❺ オ418
❻ カ912
❼ キ1008

問題2

❶ ア6　イ3　ウ102　エ306
❷ オ8　カ2　キ104　ク208
❸ ケ6　コ2　サ108　シ216
❹ ス7　セ3　ソ105　タ315
❺ チ9　ツ2　テ108　ト216
❻ ナ11　ニ2　ヌ209　ネ418

（P82）小テスト5

❶ ア6　イ3　ウ4　エ2
　オ4　カ108　キ432
❷ ク2　ケ2　コ2　サ16
　シ304　ス608
❸ セ7　ソ3　タ105　チ315
❹ ツ3　テ2　ト9　ナ2
　ニ108　ヌ216
❺ ネ2　ノ2　ハ8　ヒ2
　フ104　ヘ208
❻ ホ11　マ2　ミ209　ム418

ここまでよく
解きましたね。
すばらしい！

総まとめテストの答え

（P83）

問題1　九九にぶんかい（ステージ2）

❶ア2　イ6　ウ3　エ4

❷オ4　カ4　キ2　ク8

❸ケ2　コ9　サ3　シ6

❹ス3　セ8　ソ4　タ6

❺チ6　ツ6　テ4　ト9

問題2　九九で計算（ステージ2）

❶ア8　イ56

❷ウ6　エ48

❸オ9　カ3　キ9　ク9　ケ81

❹コ8　サ2　シ8　ス64

（P83、P84）

問題3　ぶんかいしよう（ステージ3）

❶ア6

❷イ8

❸ウ7

❹エ9　オ6

❺カ11

❻キ19

❼ク12

❽ケ12

❾コ8

❿サ4

問題4　ラッキーナンバー（ステージ4）

❶ア102

❷イ104

❸ウ105

❹エ108

❺オ209

❻カ304

問題5　ぶんかい算を使いこなす！
（ステージ4）

❶ア6　イ102　ウ306

❷エ2　オ4　カ102　キ408

❸ク7　ケ5　コ105　サ525

❹シ7　ス8　セ7　ソ8　タ9　チ504

ここまで
よくがんばったね！
おつかれさま！

まだまだあるぞ！奥深いぶんかい算 進化編

この本で紹介しきれなかったぶんかい算をここで紹介するよ。

たし算・ひき算にぶんかい！ シリーズ

おとなり同士の計算

❶12×13

解き方

「12が12個と12が１個をたす」とみる

12×12個+12×１個＝144+12＝156

９倍するということ

❷24×9

解き方

24円のお菓子９個と考えるとわかりやすい。

10個はいくら？→24円のお菓子10個＝24×10

１個いらないから１個分の値段を引く→240円－24円（１個分）

24×9＝24×10個－24×１個

＝240－24＝216

19倍するということ

❸16×19

解き方

19倍は、９倍と同じやり方で解けるよ。

16円のお菓子19個と考えて解いてみよう。

16×19＝16×20個－16×１個

＝320－16＝304

19倍するときも、９倍と同じ考え方で解ける。

なんでそうなる？

12×（12+１）＝12×12+12×１

あるいは（13－１）×13＝13×13 －13ともできる。これは分配法則 のしくみを利用しているが、名称 を覚える必要はない。しくみが わかって使いこなせるようになれ ばいいね！

21の暗算

④ $3 × 7 × 9$

$= 21 × 9$

$= 189$

21 × 2、21 × 3……
21 × 9 まで
一の位が「1」だと × 9 でも、
繰り上がりがないので
暗算しやすい！

81の暗算

⑤ $9 × 9 × 9$

$= 81 × 9$

$= 729$

同じように、
81 倍もやりやすいね！
21 や 81 は、計算式に
よく出題されるよ

ラッキーナンバーの暗算応用

⑥ $16 × 17 × 18$

$= 17 × 6 × 3 × 16$

$= 102 × 48$

$= 4800 + 96$

$= 4896$

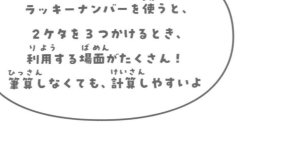

17 × 6 = 102 を使うよ。
ラッキーナンバーを使うと、
2 ケタを 3 つかけるとき、
利用する場面がたくさん！
筆算しなくても、計算しやすいよ

⑦ $17 × 18 × 19$

$= 17 × 6 × 3 × 19$

$= 102 × 57$

$= 5700 + 114$

$= 5814$

⑧ $18 × 21 × 24$

$= 9 × 2 × 7 × 3 × 8 × 3$

$= 7 × 8 × 9 × 2 × 9$

$= 504 × 2 × 9 = 1008 × 9$

$= 9072$

7 × 8 × 9 = 504
を使うよ

❾ $12 \times 12 \times 12$

$= 12 \times 3 \times 4 \times 3 \times 4$

$= 12 \times 9 \times 16$

$= 108 \times 16$

$= 1600 + 128$

$= 1728$

12 × 9 = 108を
使うよ

❿ $13 \times 14 \times 15$

$= 13 \times 7 \times 2 \times 15$

$= 91 \times 30$

$= 2730$

16 × 19 = 304 を
使うよ

⓫ $16 \times 17 \times 19$

$= 304 \times 17$

$= 5168$

⓬ $11 \times 17 \times 19$

$= 209 \times 17$

$= 3400 + 153$

$= 3553$

11 × 19 = 209 を
使うよ

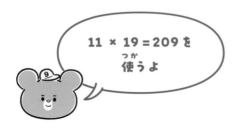

2 を10回かける（2の10乗暗算）

⓭ $32 \times 32 = 16 \times 2 \times 16 \times 2$

$= 256 \times 2 \times 2 = 512 \times 2$

$= 500 \times 2 + 12 \times 2 = 1024$

$= 2 \times 2 \times 2 \times 2 \times 2 \times 2 \times 2 \times 2 \times 2 \times 2$

$= 2^{10}$（2の10乗）

2倍が上手になると、
とっても便利。
どんな数でも2倍する
のが速くなるように
練習しよう

ラッキーナンバー表

17 × 6 = 102	12 × 12 = 144
13 × 8 = 104	13 × 13 = 169
15 × 7 = 105	14 × 14 = 196
12 × 9 = 108	15 × 15 = 225
11 × 19 = 209	16 × 16 = 256
16 × 19 = 304	17 × 17 = 289
7 × 8 × 9 = 504	18 × 18 = 324
11 × 11 = 121	19 × 19 = 361

無理に覚えるのではなく、
使っているうちに覚えよう！

1～400の数字をバラバラにした
この表を見れば、数の性格が
見えてくるはず

1		35	5×7	69	3×23
2	2	36	2×2×3×3	70	2×5×7
3	3	37	37	71	71
4	2×2	38	2×19	72	2×2×2×3×3
5	5	39	3×13	73	73
6	2×3	40	2×2×2×5	74	2×37
7	7	41	41	75	3×5×5
8	2×2×2	42	2×3×7	76	2×2×19
9	3×3	43	43	77	7×11
10	2×5	44	2×2×11	78	2×3×13
11	11	45	3×3×5	79	79
12	2×2×3	46	2×23	80	2×2×2×2×5
13	13	47	47	81	3×3×3×3
14	2×7	48	2×2×2×2×3	82	2×41
15	3×5	49	7×7	83	83
16	2×2×2×2	50	2×5×5	84	2×2×3×7
17	17	51	3×17	85	5×17
18	2×3×3	52	2×2×13	86	2×43
19	19	53	53	87	3×29
20	2×2×5	54	2×3×3×3	88	2×2×2×11
21	3×7	55	5×11	89	89
22	2×11	56	2×2×2×7	90	2×3×3×5
23	23	57	3×19	91	7×13
24	2×2×2×3	58	2×29	92	2×2×23
25	5×5	59	59	93	3×31
26	2×13	60	2×2×3×5	94	2×47
27	3×3×3	61	61	95	5×19
28	2×2×7	62	2×31	96	2×2×2×2×2×3
29	29	63	3×3×7	97	97
30	2×3×5	64	2×2×2×2×2×2	98	2×7×7
31	31	65	5×13	99	3×3×11
32	2×2×2×2×2	66	2×3×11	100	2×2×5×5
33	3×11	67	67		
34	2×17	68	2×2×17		

101 101	136 2 x 2 x 2 x17	171 3 x 3 x19
102 2 x 3 x17	137 137	172 2 x 2 x43
103 103	138 2 x 3 x23	173 173
104 2 x 2 x 2 x13	139 139	174 2 x 3 x29
105 3 x 5 x 7	140 2 x 2 x 5 x 7	175 5 x 5 x 7
106 2 x 53	141 3 x47	176 2 x 2 x 2 x 2 x11
107 107	142 2 x71	177 3 x59
108 2 x 2 x 3 x 3 x 3	143 11x13	178 2 x89
109 109	144 2 x 2 x 2 x 2 x 3 x 3	179 179
110 2 x 5 x11	145 5 x29	180 2 x 2 x 3 x 3 x 5
111 3 x37	146 2 x73	181 181
112 2 x 2 x 2 x 2 x 7	147 3 x 7 x 7	182 2 x 7 x13
113 113	148 2 x 2 x37	183 3 x61
114 2 x 3 x19	149 149	184 2 x 2 x 2 x23
115 5 x23	150 2 x 3 x 5 x 5	185 5 x37
116 2 x 2 x29	151 151	186 2 x 3 x31
117 3 x 3 x13	152 2 x 2 x 2 x19	187 11x17
118 2 x59	153 3 x 3 x17	188 2 x 2 x47
119 7 x17	154 2 x 7 x11	189 3 x 3 x 3 x 7
120 2 x 2 x 2 x 3 x 5	155 5 x31	190 2 x 5 x19
121 11x11	156 2 x 2 x 3 x13	191 191
122 2 x61	157 157	192 2 x 2 x 2 x 2 x 2 x 2 x 3
123 3 x41	158 2 x79	193 193
124 2 x 2 x31	159 3 x53	194 2 x97
125 5 x 5 x 5	160 2 x 2 x 2 x 2 x 2 x 5	195 3 x 5 x13
126 2 x 3 x 3 x 7	161 7 x23	196 2 x 2 x 7 x 7
127 127	162 2 x 3 x 3 x 3 x 3	197 197
128 2 x 2 x 2 x 2 x 2 x 2 x 2	163 163	198 2 x 3 x 3 x11
129 3 x43	164 2 x 2 x41	199 199
130 2 x 5 x13	165 3 x 5 x11	200 2 x 2 x 2 x 5 x 5
131 131	166 2 x83	
132 2 x 2 x 3 x11	167 167	
133 7 x19	168 2 x 2 x 2 x 3 x 7	
134 2 x67	169 13x13	
135 3 x 3 x 3 x 5	170 2 x 5 x17	

201 3 x 67	236 2 x 2 x 59	271 271
202 2 x 101	237 3 x 79	272 2 x 2 x 2 x 2 x 17
203 7 x 29	238 2 x 7 x 17	273 3 x 7 x 13
204 2 x 2 x 3 x 17	239 239	274 2 x 137
205 5 x 41	240 8 x 3 x 2 x 5	275 5 x 5 x 11
206 2 x 103	241 241	276 2 x 2 x 3 x 23
207 3 x 3 x 23	242 2 x 11 x 11	277 277
208 2 x 2 x 2 x 2 x 13	243 3 x 3 x 3 x 3 x 3	278 2 x 139
209 11 x 19	244 2 x 2 x 61	279 3 x 3 x 31
210 2 x 3 x 5 x 7	245 5 x 7 x 7	280 2 x 2 x 2 x 5 x 7
211 211	246 2 x 3 x 41	281 281
212 2 x 2 x 53	247 13 x 19	282 2 x 3 x 47
213 3 x 71	248 2 x 2 x 2 x 31	283 283
214 2 x 107	249 3 x 83	284 2 x 2 x 71
215 5 x 43	250 2 x 5 x 5 x 5	285 3 x 5 x 19
216 2 x 2 x 2 x 3 x 3 x 3	251 251	286 2 x 11 x 13
217 7 x 31	252 2 x 2 x 3 x 3 x 7	287 7 x 41
218 2 x 109	253 11 x 23	288 2 x 2 x 2 x 2 x 2 x 3 x 3
219 3 x 73	254 2 x 127	289 17 x 17
220 2 x 2 x 5 x 11	255 3 x 5 x 17	290 2 x 5 x 29
221 13 x 17	256 2x2x2x2x2x2x2x2	291 3 x 97
222 2 x 3 x 37	257 257	292 2 x 2 x 73
223 223	258 2 x 3 x 43	293 293
224 2 x 2 x 2 x 2 x 2 x 7	259 7 x 37	294 2 x 3 x 7 x 7
225 3 x 3 x 5 x 5	260 2 x 2 x 5 x 13	295 5 x 59
226 2 x 113	261 3 x 3 x 29	296 2 x 2 x 2 x 37
227 227	262 2 x 131	297 3 x 3 x 3 x 11
228 2 x 2 x 3 x 19	263 263	298 2 x 149
229 229	264 2 x 2 x 2 x 3 x 11	299 13 x 23
230 2 x 5 x 23	265 5 x 53	300 2 x 2 x 3 x 5 x 5
231 3 x 7 x 11	266 2 x 7 x 19	
232 2 x 2 x 2 x 29	267 3 x 89	
233 233	268 2 x 2 x 67	
234 2 x 3 x 3 x 13	269 269	
235 5 x 47	270 2 x 3 x 3 x 3 x 5	

301 7 x43	336 2 x 2 x 2 x 2 x 3 x 7	371 7 x53
302 2 x151	337 337	372 2 x 2 x 3 x31
303 3 x101	338 2 x13x13	373 373
304 2 x 2 x 2 x 2 x19	339 3 x113	374 2 x11x17
305 5 x61	340 2 x 2 x 5 x17	375 3 x125
306 2 x 3 x 3 x17	341 11x31	376 2 x 2 x 2 x47
307 307	342 2 x 3 x 3 x19	377 13x29
308 2 x 2 x 7 x11	343 7 x 7 x 7	378 2 x 3 x 3 x 3 x 7
309 3 x103	344 2 x 2 x 2 x43	379 379
310 2 x 5 x31	345 3 x 5 x23	380 2 x 2 x 5 x19
311 311	346 2 x173	381 3 x127
312 2 x 2 x 2 x 3 x13	347 347	382 2 x191
313 313	348 2 x 2 x 3 x29	383 383
314 2 x157	349 349	384 2x2x2x2x2x2x2x 3
315 3 x 3 x 5 x 7	350 2 x 5 x 5 x 7	385 5 x 7 x11
316 2 x 2 x 79	351 3 x 3 x 3 x13	386 2 x193
317 317	352 2 x 2 x 2 x 2 x 2 x11	387 3 x 3 x43
318 2 x 3 x53	353 353	388 2 x 2 x97
319 11x29	354 2 x 3 x59	389 389
320 2 x 2 x 2 x 2 x 2 x 2 x 5	355 5 x71	390 2 x 3 x 5 x13
321 3 x107	356 2 x 2 x89	391 17x23
322 2 x 7 x23	357 3 x 7 x17	392 2 x 2 x 2 x 7 x 7
323 17x19	358 2 x179	393 3 x131
324 2 x 2 x 3 x 3 x 3 x 3	359 359	394 2 x197
325 5 x 5 x13	360 2 x 2 x 2 x 3 x 3 x 5	395 5 x79
326 2 x163	361 19x19	396 2 x 2 x 3 x 3 x11
327 3 x109	362 2 x181	397 397
328 2 x 2 x 2 x41	363 3 x11x11	398 2 x199
329 7 x47	364 2 x 2 x 7 x13	399 3 x 7 x19
330 2 x 3 x 5 x11	365 5 x73	400 2×2× 2×2×5×5
331 331	366 2 x 3 x61	
332 2 x 2 x83	367 367	
333 3 x 3 x37	368 2 x 2 x 2 x 2 x23	
334 2 x167	369 3 x 3 x41	
335 5 x67	370 2 x 5 x37	

ぶんかい算マスター
認定証

_____ 殿

あなたはぶんかい算を使って暗算することにより、

算数がより楽しくなり、得意になったことでしょう。

これから、小学校高学年、中学校、高校、

大学などに進学するにつれ、

数式や計算に苦手意識がなくなり、

ここで学んだぶんかい算は、必ず将来に役立つことでしょう！

このまま努力を続けることで、数字に自信がつきます。

もしも数字に不安を感じたら、もう一度、

この本を読んでみてください。

算数や数学を解く楽しさを思い出し、

学びの手助けになるはずです。

松永暢史

前田大介

ハサミで切り取ってお使いください

松永暢史（まつながのぶふみ）

1957年生まれ。慶應義塾大学文学部卒。個人指導者。教育環境設定コンサルタント。教育アドバイザー。音読法、作文法、暗算法など多くの教育メソッドを開発する。ブイネット教育相談事務所主宰。教育作家として、著書に『男の子を伸ばす母親は、ここが違う！』（扶桑社）、『女の子は8歳になったら育て方を変えなさい！』（大和書房）、『将来の学力は10歳までの「読書量」で決まる！』（すばる舎）、『頭がいい小学生が解いている算数脳がグンと伸びるパズル』（KADOKAWA）など多数。韓国語、中国語、ベトナム語にも翻訳されている。

前田大介（まえだだいすけ）

1985年生まれ。一般社団法人音読道場連盟代表。一橋大学大学院言語社会研究科修士課程修了。大学院時代に松永暢史に師事。「家庭教師業は一人前になるのに10年はかかる」と教えられ、10年間家庭教師一筋で、主に小学生の算数・国語の指導にあたる。その後起業し、現在、小学生向けのオンラインスクールを経営する他、松永暢史の音読・暗算・作文メソッドの普及に努めている。

装丁／本文デザイン
高津康二郎（ohmae-d）

イラスト
千野六久

校閲
株式会社麦秋アートセンター

編集協力
伊藤　剛（Eddy Co.,Ltd）

編集
磯　俊宏（KADOKAWA）

算数が苦手でもだいじょうぶ！
小学生のための魔法の暗算術「ぶんかい算」の本

2024年7月12日　初版発行

監修　　松永暢史（まつながのぶふみ）
著者　　前田大介（まえだだいすけ）
発行者　山下　直久
発行　　株式会社KADOKAWA
　　　　〒102-8177　東京都千代田区富士見2-13-3
　　　　電話 0570-002-301（ナビダイヤル）
印刷所　大日本印刷株式会社
製本所　大日本印刷株式会社

●お問い合わせ
https://www.kadokawa.co.jp/ （「お問い合わせ」へお進みください）
※内容によっては、お答えできない場合があります。
※サポートは日本国内のみとさせていただきます。
※Japanese text only
定価はカバーに表示してあります。
©Nobufumi Matsunaga,Daisuke Maeda 2024
Printed in Japan
ISBN 978-4-04-606881-1 C6037